¿Cuál es tu potencial?

La energía del movimiento

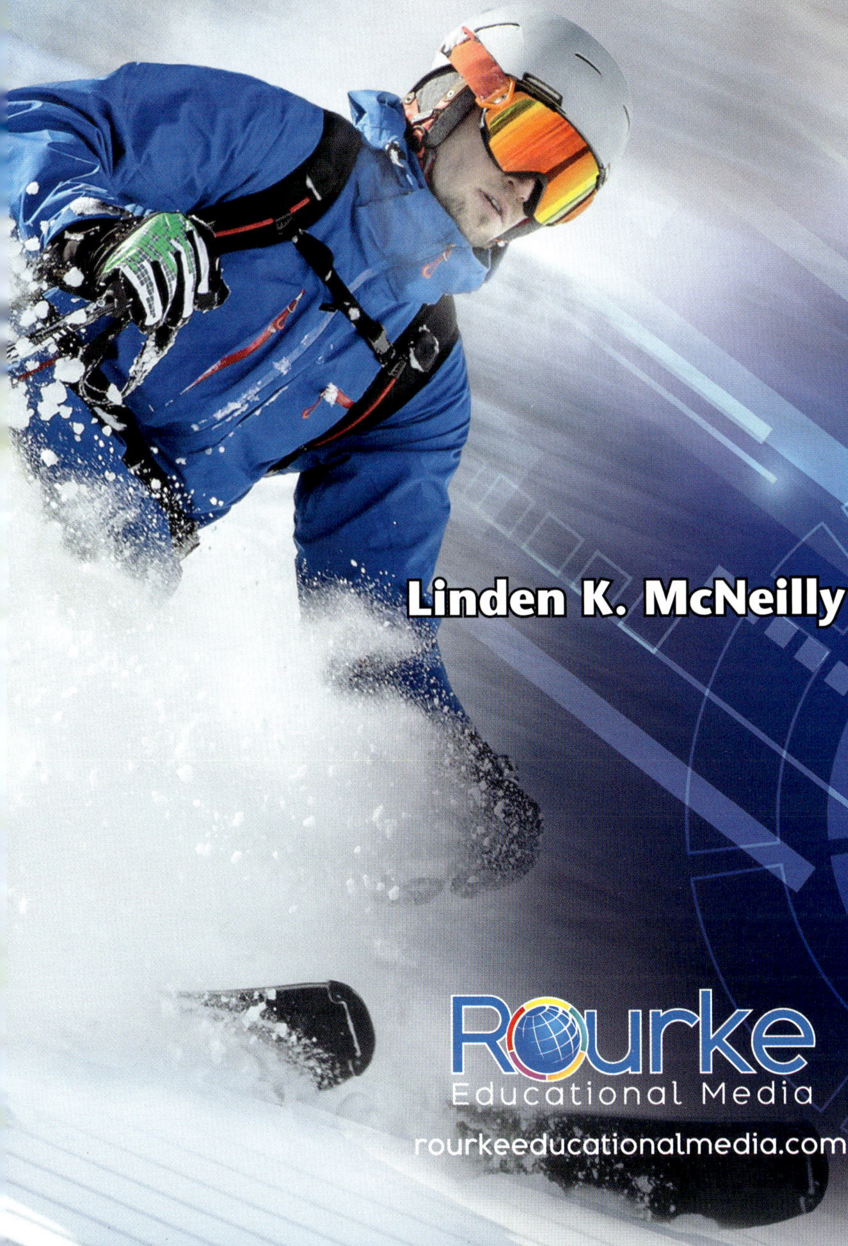

Linden K. McNeilly

Rourke
Educational Media
rourkeeducationalmedia.com

Scan for Related Titles and Teacher Resources

Actividades antes y después de la lectura

Nivel: **Y**

Antes de leer:

Construcción de vocabulario académico y conocimientos previos

Antes de leer un libro, es importante aprovechar lo que su hijo o los estudiantes ya saben sobre el tema. Esto les ayudará a desarrollar el vocabulario, aumentar la comprensión de la lectura y hacer conexiones a través del plan de estudios.

1. *Miren la portada del libro. ¿De qué tratará este libro?*
2. *¿Qué es lo que ya saben sobre el tema?*
3. *Vamos a estudiar el Contenido. ¿Sobre qué van a aprender en los capítulos del libro?*
4. *¿Qué les gustaría aprender sobre este tema? ¿Creen que lo puedan aprender con este libro? ¿Por qué sí o por qué no?*
5. *Utilicen un diario para escribir sobre este tema. Escriban lo que ya saben y lo que esperan aprender.*
6. *Lean el libro.*
7. *En el diario, escriban lo que han aprendido sobre el tema y su reacción sobre el libro.*
8. *Después de leer el libro, completa las actividades que aparecen a continuación.*

Vocabulario Área de contenido

Lee la lista. ¿Qué significan estas palabras?

átomos
circuito
electrones
enlaces
equilibrio
fotones
masa
neutrón
no científicos
núcleos
partículas
principio
sistema
teorema
trabajo

Después de leer:

Actividades de comprensión y de extensión

Después de leer el libro, haga las siguientes preguntas a su hijo o estudiantes con el fin de comprobar el nivel de comprensión de la lectura y el dominio del contenido.

1. *¿Qué es la energía?* (Resumir)
2. *¿Por qué es útil comprender cómo funciona la energía?* (Inferir)
3. *¿Cuántos tipos de energía hay?* (Preguntar)
4. *¿Qué tipo de energía utilizas para pedalear una bicicleta? (*Auto conexión con el texto)
5. *¿Qué hizo Isaac Newton para que las personas entendieran sobre el funcionamiento del mundo?* (Preguntar)

Actividad de extensión

Reúne tres canicas de diferentes tamaños. Coloca la mitad inferior de un cartón de leche debajo de una superficie inclinada. Rueda la primera canica por la pendiente hasta la caja de cartón y mide hasta cuán lejos se mueve el cartón. Repite este procedimiento con cada una de las canicas. ¿Cuál de las canicas movió la caja de cartón más lejos? Utilizando tu conocimiento de la energía potencial y la cinética, explica tus observaciones.

Contenido

La energía está en todas partes

¿Qué es invisible pero está a tu alrededor? ¿Qué se encuentra en las **partículas** más pequeñas y en la galaxia más grande? ¿Qué hace funcionar los teléfonos celulares, que tus músculos se flexionen, y no importa cuánto se use o se cambie nunca desaparece? Es la energía.

Cuando ves la palabra energía puedes pensar en cómo te sientes (cansado o muy despierto) cuando te levantas por la mañana. O tal vez te hace pensar en términos como la energía solar o la energía nuclear. Pero la energía es mucho más que eso.

La energía está en el interior de los alimentos, en las baterías y en la luz; se encuentra en las bandas de goma y en el agua que fluye. Como no puede crearse ni destruirse, está continuamente transformándose y moviéndose. Aunque normalmente no la podemos ver, la energía se encuentra en todas partes. Es lo que hace que las cosas se muevan, hagan ruido y produzcan calor. La energía ilumina tu camino y te ayuda a jugar.

La energía está en todas partes.

baterías

agua fluyendo

¿Existe el flogisto?

Hace aproximadamente 300 años, los filósofos (a quienes llamamos científicos hoy en día) pensaban que el universo contenía cuatro tipos de materias y que cuando se quemaban, quedaba una sustancia especial llamada flogisto. Los científicos trataron de demostrar que el flogisto existía quemando objetos o elementos y pesándolos después. No fue hasta que el hidrógeno (que se puede quemar y deja poco residuo) se descubrió que los científicos decidieron que el flogisto no era exactamente una sustancia real, sino un **principio** o una verdad establecida. Con el tiempo, los científicos le llamaron energía.

¿Qué es exactamente la energía? La energía es la capacidad de un **sistema** físico de realizar un **trabajo**. Un sistema es una parte del universo seleccionada para ver cómo se ve afectada por los cambios de condiciones variando las condiciones cambia. Un sistema puede ser complejo, tal como el cuerpo humano o simple, como un molinillo de viento girando con el viento.

El trabajo es una fuerza que actúa sobre un objeto para moverlo. Se puede observar de diferentes maneras, pero algo tiene que moverse para que sea considerado trabajo. Cuando agarras un vaso, los músculos de tus manos y de tus brazos están haciendo el trabajo. Cuando el viento sopla en un molinillo de viento, el trabajo hace girar el molinillo.

¡No estoy jugando, estoy trabajando!

A pesar de que a veces se necesita hacer un esfuerzo para sentarse y escuchar a alguien hablar, no se considera trabajo. Trabajo es cuando una cosa mueve otra. Viajar en un coche no es realizar un trabajo, ya que es el motor del coche el que está encendiendo el eje de transmisión, no tú. Pero la práctica de deportes sí se considera trabajo, ya que implica movimiento. Así que la próxima vez que alguien te diga: "Ponte a trabajar", quizás sea el momento de salir a pasar un buen rato.

ENERGÍA A LA ESPERA

La energía existe en dos formas básicas: la energía potencial y la energía cinética.

La energía potencial es la energía almacenada. Se puede almacenar en objetos grandes y visibles o dentro de **átomos** tan pequeños que no puedes ver.

La energía potencial más común trabaja constantemente en todo lo que hay en la Tierra. Cuando recoges tus zapatos sientes peso porque la gravedad tira de ellos. Ellos contienen energía potencial gravitatoria. Se trata del efecto de la gravedad sobre todos los objetos en la Tierra. Aumenta a medida que el objeto se aleja del centro de nuestro planeta.

El trabajo en el juego

Cuando te meces en un columpio, aumentas tu energía potencial gravitatoria mediante el impulso de tus piernas. Construir esa energía potencial requiere mucho trabajo. Cuando te meces hacia atrás, tienes que trabajar para construir energía potencial de nuevo.

Cuando levantas tus zapatos por encima de tu cabeza aumentas su energía potencial. Si los dejas caer vas a escuchar el resultado de esa energía almacenada. La gravedad atrae más a los objetos con mayor **masa** (la cantidad de materia física dentro de ellos). Levantar una roca pesada unas pocas pulgadas del suelo es difícil, pero el aumento de la energía potencial gravitatoria hace que sea casi imposible levantarla por encima de tu cabeza.

Es la subida

Subir escaleras también aumenta tu energía potencial. Mientras más alto subas, más lejos del núcleo de la Tierra estarás. Es por eso que subir muchas escaleras es un trabajo duro.

Newton: Una nueva visión del mundo

Isaac Newton nació en Inglaterra en 1642. Él tenía mucha curiosidad sobre cómo funcionaban las cosas.

Newton quería saber por qué la Luna orbitaba alrededor de la Tierra y no se alejaba. Él pensaba que había algún poder invisible que mantenía a la Luna cerca de la Tierra, el mismo poder que hacía que las cosas en la Tierra no se fueran flotando. Pasó su vida tratando de comprender la esencia del mundo, como por qué caen las frutas de los árboles o por qué se requiere más fuerza para rodar objetos más grandes.

Isaac Newton (1642 – 1727)

Comprendiendo la gravedad

Antes de que las ideas de Newton sobre la gravedad fueran tomadas como un hecho, los científicos pensaban que todo lo que se movía a una velocidad constante debía tener una fuerza actuando sobre ello. También creían que la fuerza tenía que estar tocando el objeto directamente. Esta creencia interfirió con la comprensión de la gravedad. Posteriormente, Newton demostró que la gravedad podía afectar a los cuerpos celestes, como planetas, a una gran distancia.

En 1668, Newton presentó un telescopio reflector que había diseñado y construido para demostrar sus teorías sobre la luz y el color. Él desarrolló las ecuaciones y teorías matemáticas al mismo tiempo que el prominente filósofo alemán Gottfried Leibniz. Leibniz y Newton compitieron para encontrar formas matemáticas que describieran el mundo físico. Newton fue conocido por tratar de desacreditar la obra de Leibniz. Cada uno de ellos descubrió por separado la matemática que hoy conocemos como cálculo, la matemática del movimiento.

Matemáticas: El camino a la verdad

A lo largo de su vida, Leibniz estuvo intrigado con la forma en que funcionaban las cosas. Él trabajó con todo tipo de dispositivos mecánicos, como prensas de accionamiento hidráulico, lámparas, relojes y molinos de viento. Pero su mayor contribución fue explicar los sistemas físicos a través de las matemáticas. Él creía que podía mostrar la verdad a través de símbolos y relaciones matemáticas y para hacer esto desarrolló el cálculo.

Gottfried Leibniz (1646 – 1716)

Una y otra vez Newton se enfrentó con otros científicos. Estaba inseguro y pensaba que le iban a robar sus ideas. Sufrió dos crisis nerviosas y se mantuvo aislado por años. Pero a veces este aislamiento le ayudaba a pensar sin distracciones y sus ideas ayudaron a sentar las bases para comprender mejor cómo funciona el mundo.

Las manzanas de Newton

Según se cuenta, Newton estaba un día sentado debajo de un manzano cuando una manzana se cayó y le golpeó en la cabeza. Entonces, se le ocurrieron las ideas sobre la gravedad. Pero eso no es realmente lo que sucedió. Una biografía temprana de Newton descubierta recientemente en los archivos de la Sociedad Real de Londres narra la historia de forma ligeramente diferente.

De acuerdo con la biografía realizada por William Stukeley en 1752, Newton solía tomar el té en el jardín los días cálidos, para pensar en cosas científicas. Bajo el manzano, observó que las manzanas siempre caían hacia abajo y se preguntó por qué se caían de tal manera. Pensó que debía haber alguna fuerza que atraía a todas las cosas hacia la Tierra. A partir de eso desarrolló ideas acerca de la atracción gravitatoria de la Tierra, así como su efecto sobre la Luna.

Newton tardó 20 años en escribir un libro que explicara sus ideas sobre el universo. Lo llamó "The Philosophiae Naturalis Principia Mathematica": *Los principios matemáticos de la filosofía natural*. En este libro esbozó su propia teoría del cálculo, las tres leyes del movimiento y la primera cuenta rigurosa de su teoría de la gravitación universal. Pero el trabajo de Newton era confuso para el público en general y muchas personas sospechaban de él. Fue a través del trabajo de dos pensadores franceses, François-Marie Arouet y Émilie du Châtelet, que el trabajo de Newton se hizo accrsible al público. Mediante sus escritos conjuntos, "Los elementos de la filosofía de Newton", hicieron la teoría gravitacional de Newton comprensible para los **no científicos**. Este libro consolidó la reputación de Newton y contiene mucho por lo cual es recordado hoy en día.

François-Marie Arouet también conocido como el escritor Voltaire.

La aguja en el ojo

Newton era conocido por ser un niño inusual, a menudo desagradable, que quería estudiar el funcionamiento de las cosas y no ser molestado por los miembros de la familia. Según algunos historiadores odiaba a su padrastro y amenazó con incendiar el granero de la familia. Confiaba en sus experimentos por encima de todo, incluso meterse una aguja de punta roma en su propio ojo para ver su efecto.

Woolsthorpe Manor en Woolsthorpe-by Colsterworth, el lugar de nacimiento de Sir Isaac Newton

La energía potencial que hace ¡zas!

Otro tipo de energía potencial es la energía potencial elástica. Una banda elástica no tiene energía para moverse hasta que se estira. El estiramiento le da energía potencial, que se siente como resistencia cuando se estira. Si dejas la banda de goma volar verás evidencia de la energía que estaba almacenada.

Dentro del material elástico, los enlaces entre los átomos se estiran, pero no cambian para siempre. Si estiras materiales elásticos, ellos vuelven a su forma original cuando los sueltas.

Trampolín complicado

Un trampolín también se estira con energía potencial elástica, en combinación con energía potencial gravitatoria, cuando te paras sobre él. Al saltar, esa energía te ayuda a elevarte.

Los resortes tienen otro tipo de energía potencial elástica. ¿Alguna vez has saltado en un palo de pogo? Tiene un poderoso resorte interior. Si sostienes el palo, el resorte no está comprimido, pero si te paras sobre él y saltas, tu peso comprime el resorte. De esta forma crea energía potencial.

Los resortes de las puertas tienen energía potencial. Cuando empujas una puerta para abrirla, los resortes se estiran, lo que hace que aumente su energía potencial. Cuando dejas de empujarla, la puerta se cierra pues el resorte vuelve a su forma habitual.

Cualquier objeto que se deforma y luego regresa a su forma original tiene energía potencial elástica.

Los bolígrafos tienen energía

Incluso los pequeños resortes dentro de los bolígrafos tienen energía potencial cuando se comprimen y se liberan.

Hay un tercer tipo de energía potencial elástica más difícil de ver, pero que también puedes saber que existe. Los líquidos y los gases a presión tienen energía almacenada en ellos. Un extintor de incendios está lleno de gas a presión, y latas como los fijadores para el cabello o las pinturas de aerosol también contienen líquidos a presión. Todos estos contienen energía. Puedes ver que cuando el líquido o gas sale, se puede tirar lejos de la lata. Las pinturas de aerosoles salen con fuerza cuando la energía potencial se convierte en energía cinética.

Una boca de incendios contiene agua con energía potencial, lista para apagar las llamas.

Buena química

Cuando escuchas la palabra energía en las noticias, por lo general se refiere a la energía química. Cuando está almacenada, se llama energía potencial química. En los compuestos químicos tales como la gasolina, los enlaces mantienen unidos a los átomos. En ese estado, la energía no se da a conocer de forma activa. Pero si el compuesto atraviesa por un cambio químico como ser calentado, o añadido a otra sustancia, sus átomos pueden liberar energía a medida que cambian sus enlaces. Los resultados son coches que se mueven, hornos que calientan y linternas que alumbran.

La biomasa, el petróleo, el gas natural y el carbón son ejemplos de energía química almacenada.

La biomasa es materia orgánica, por lo general madera o turba, que puede ser quemada para producir calor o vapor.

El petróleo, el gas natural y el carbón provienen de la tierra y son conocidos como combustibles fósiles. Estos tipos de energía potencial son los restos de plantas y animales comprimidos y cambiados a lo largo de millones de años. La combustión del gas y del carbón los convierte en energía.

Combustibles fósiles

Los combustibles fósiles son relativamente baratos de almacenar y de convertir en energía. Pero un día el suministro de la Tierra se va a agotar, por lo que son necesarias fuentes alternativas de energía.

Una batería es un contenedor con productos químicos y una varilla de carbono en el interior. Debido a la forma en que los productos químicos interactúan con la varilla de carbono, los **electrones** se mueven y flotan libremente en la batería. Al insertar la batería en un dispositivo, por ejemplo, un teléfono, se completa el **circuito**. Esto le da a los electrones la posibilidad de alinearse y fluir en una dirección, como los coches en una carretera. Cuando las pequeños partículas de energía cinética se mueven, le proporcionan energía al teléfono.

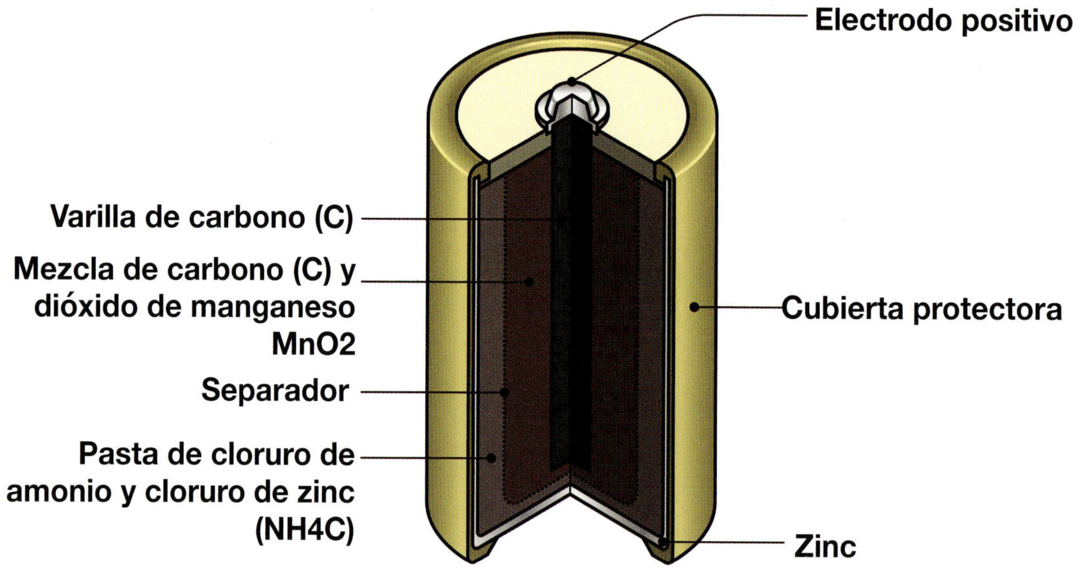

Energía de la batería

Las baterías no duran para siempre. Los químicos con el tiempo se gastan y los electrones ya no se mueven lo suficiente para viajar a lo largo del circuito eléctrico. Sin embargo, las baterías recargables envían esos electrones a la inversa, reorganizándolos para usarlos otra vez.

Los alimentos son un tipo de energía potencial química. Contienen productos químicos que nuestro cuerpo puede utilizar como combustible para mover los músculos y la sangre, para crecer más y para mantenernos con vida. La digestión es el proceso de descomposición de la energía potencial química de los alimentos. Diferentes tipos de alimentos contienen diferentes niveles de energía potencial dependiendo de qué está compuesto el alimento. Los alimentos altos en calorías pueden suministrar más energía.

Grasa = Energía almacenada

Nuestro cuerpo sabe almacenar la energía que no usa. Esta es la razón por la que calorías adicionales pueden resultar en libras adicionales; nuestro sistema quiere mantener algo de energía disponible en caso de que la necesite más adelante, y ésta se almacena en forma de grasa.

Si no comes, tu cuerpo se debilita por la falta de energía. Tomar unos pocos bocados de un sándwich puede hacer que te sientas mucho mejor. Eso es porque las moléculas de los alimentos contienen energía potencial o energía almacenada que puedes utilizar en el futuro.

Al igual que la energía potencial química, la energía potencial nuclear se encuentra en algo tan pequeño que el ojo humano no lo puede detectar: el núcleo de un átomo. La energía se libera cuando los núcleos de los átomos de ciertos elementos, como uranio o plutonio, se separan o se fusionan. Las centrales nucleares utilizan la fisión o la división de los **núcleos** de los átomos para crear energía, usualmente eléctrica, para su uso en hogares y negocios.

Fisión nuclear

La fisión nuclear utiliza ciertos átomos de uranio, que se pueden dividir utilizando un **neutrón** de movimiento lento. Cuando los neutrones se disparan hacia los átomos de uranio, ellos absorben los neutrones y se vuelven inestables (o demasiado pesados para mantenerse juntos) y se dividen en dos. Esto libera la energía en sus propios neutrones, que a su vez rompen otros átomos de uranio.

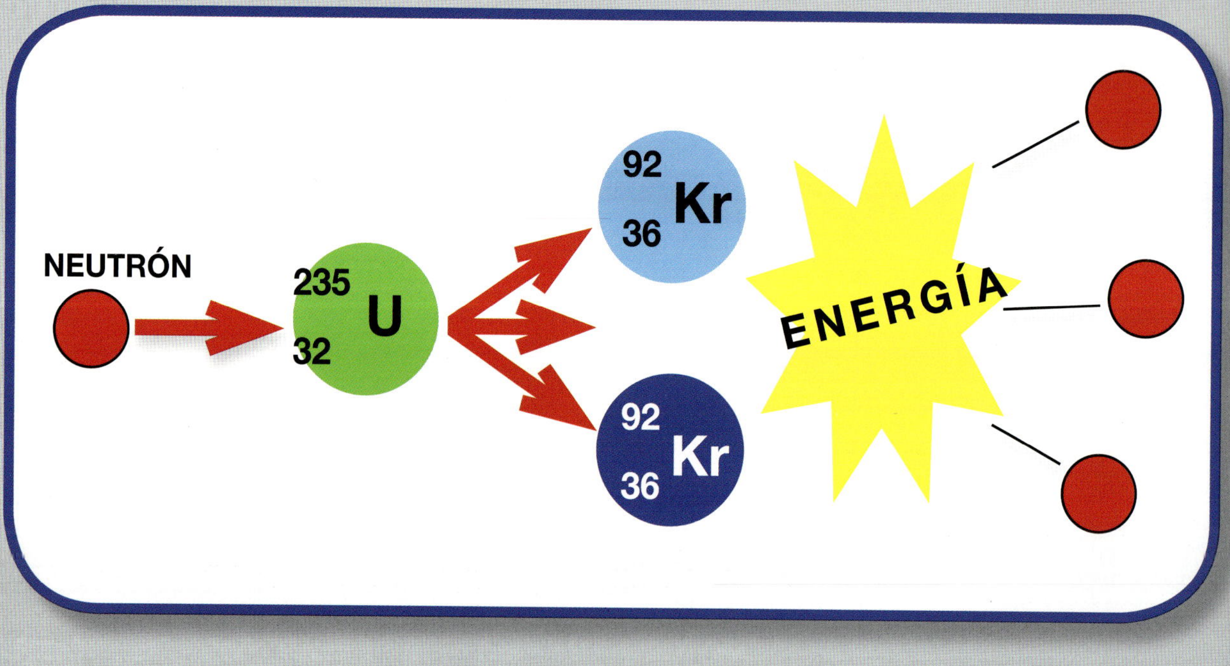

En movimiento

Una vez que se libera la energía potencial, se transforma en energía cinética, la energía del movimiento. Hay muchos tipos diferentes de movimiento incluidos en la energía cinética: el movimiento de los músculos, de los molinos de viento y de los automóviles; éstos son algunos de los que podemos ver. Sin embargo, la energía cinética se encuentra también en el movimiento de las cosas mucho más pequeñas, como las ondas, las partículas y las cargas, los campos electromagnéticos y los **fotones**. Aunque es posible que no puedas ver la energía en sí, ya sabes que está ahí porque algo se mueve gracias a ella.

Primera ley del movimiento

La primera ley del movimiento de Newton establece que los cuerpos en movimiento se mantienen en movimiento, y que los cuerpos en reposo se quedan en reposo, a menos que una fuerza actúe sobre ellos. Esta ley es muy difícil de ver en la vida real, a pesar de que hay muchas formas en que los objetos en movimiento se pueden detener. Las cosas más comunes que detienen a los objetos en movimiento son la fricción y la gravedad. Si haces rodar una bola sobre una superficie plana, ésta rodará hasta que la fricción la desacelere, o hasta que el suelo se incline hacia arriba y entonces no pueda vencer la atracción de fuerza de gravedad.

Cualquier energía potencial puede transformarse en energía cinética. Cuando alguien salta en un palo de pogo, éste suministra energía cinética a través de su resorte. Cuando el resorte es comprimido con el peso de una persona, se crea la energía potencial. Cuando el resorte se descomprime, esa energía potencial se convierte en energía cinética. Saltando, la energía potencial se convierte en energía cinética.

Las baterías, una vez colocadas en los dispositivos que las requieren, suministran energía cinética. El simple hecho de ponerlas y sacarlas del dispositivo cambia su energía cinética a potencial.

Sigue la energía

Cuando un ciclista está en la cima de una colina, su bicicleta contiene energía potencial gravitatoria debido a la altura en la que se encuentra. Cuando baja la colina, la energía potencial se transforma en energía cinética. A mitad de la colina, tiene tanto energía potencial como cinética. Cuando se detiene, es que se ha quedado sin energía cinética y de nuevo sólo contiene energía potencial.

Algunas veces se necesita una fuerza para cambiar la energía potencial a energía cinética. Cuando la fuerza es suministrada por una máquina, la energía se llama energía mecánica.

La energía mecánica es a menudo fácil de ver. Los engranajes, las ruedas que giran y las grúas que derriban edificios son ejemplos comunes de máquinas en acción. Parte de la energía proviene de cosas que no parecen máquinas. Un martillo es considerado una máquina ya que puede realizar un trabajo sobre un clavo moviéndolo a través de la madera. Tu brazo es una máquina cuando lanzas una piedra.

¿Cómo está tu movimiento?

Cuando un jugador de golf golpea una pelota, está haciendo un trabajo mediante la transferencia de energía de los músculos del brazo al palo de golf. A continuación, la energía se transfiere del palo a la bola, la cual vuela por el aire. El brazo y el palo de golf actúan como máquinas.

Actividad

¡Hazlo rebotar, no lo rompas!

En esta investigación vas a experimentar con la energía potencial y la cinética. Levantar un globo lleno de agua le da energía potencial, la cual se transforma cuando cae. Pero entonces, ¿qué sucede? Investiga utilizando lo que sabes acerca de la energía potencial gravitatoria, la energía potencial elástica y la energía cinética.

Materiales:

- cuatro globos redondos (aptos para llenarlos con agua)
- una pequeña cantidad de aceite para cocinar
- agua (de la manguera o del grifo)
- una superficie exterior que se pueda mojar (como una acera o una entrada de casa pavimentada)
- papel y lápiz
- un compañero/a para que observe el cambio de forma
- opcional: una cámara de vídeo

¿Sabías que...?

Llenar un globo de agua es toda una ciencia. Si está demasiado lleno, el globo se romperá fácilmente. Pero si no está lo suficientemente lleno, no va a rebotar muy bien. La forma del globo también afecta cómo rebota el globo.

Preparación:

1. Aplica el aceite de cocinar en el exterior de un globo redondo. Esto hará que sea más fácil introducirlo dentro de otro globo.
2. Mete este globo engrasado en el interior de un segundo globo redondo.
3. Llena el globo interno con agua y luego, anuda los dos globos.
4. Haz más globos dobles de agua para la actividad en caso de que el primero se rompa.

Procedimiento:

1. Tira hacia arriba el globo sobre una superficie plana. Observa cómo la energía potencial gravitatoria aumenta con la altura. Empieza con poca altura para ver la cantidad de rebotes que el globo puede tolerar sin romperse.
2. Pide a tu compañero/a que se ubique a una distancia adecuada para que observe lo que sucede cuando el globo toca el suelo.
3. Suelta el globo.
4. Comprueba cómo el globo cambia de forma a medida que sube y baja.
5. Dibuja la forma del globo en tres posiciones: a medida que cae, cuando aterriza y cuando rebota hacia arriba. Etiqueta tus bocetos con energía potencial gravitatoria, energía potencial elástica y energía cinética.

Estudio adicional

Pide a un compañero/a que lo filme, y luego reprodúcelo en cámara lenta para que puedas observar lo que hace el globo cuando está lleno de energía potencial gravitacional, energía potencial elástica y energía cinética. ¿Qué te enseña esta investigación acerca de la transformación de la energía?

Mientras más fuerza se aplica mayor es la aceleración.

Imagínate que eres un jugador de béisbol y que estás al bate. El lanzador lanza la pelota y tú la bateas, anotando un cuadrangular. Acabas de demostrar la segunda ley de Newton.

La segunda ley de Newton incluye su famosa ecuación: **Fuerza** = **ma**.

En el caso del béisbol, la fuerza es tu *swing*, el cual utilizas para cambiar la dirección de la pelota. El cambio de dirección es la aceleración de la pelota. La ecuación muestra que los tres componentes: fuerza, masa y aceleración están conectados.

Esta ecuación muestra que si aumenta la masa, se necesita una fuerza mayor para mover el objeto. Si el lanzador tirara una bola de bolos en su lugar, se necesitaría una fuerza mayor para producir la aceleración.

Mejorando las leyes de Newton

Emilie du Châtelet
(1643 – 1727)

Emilie du Châtelet nació en París en 1706, cuando a las niñas les era prohibido estudiar o trabajar en las matemáticas y en las ciencias. Pero eso no le impidió aprender. Ella contrató a tutores y leyó por su cuenta. Como una experta en matemáticas, a ella le gustaba jugar los juegos de azar y utilizaba sus ganancias para comprar libros y equipos de laboratorio. En secreto realizó investigaciones sobre el calor, el fuego y la luz, anticipando lo que más tarde llegó a conocerse como radiación infrarroja.

Radiación infrarroja

La radiación infrarroja es la energía electromagnética que no podemos ver, pero es emitida por cosas que producen calor, como las personas y los animales. Gafas de visión nocturna o una cámara equipada con capacidades infrarrojas nos permiten ver estas ondas de energía. Los científicos pueden aprender sobre los planetas distantes, estrellas frías y otros cuerpos celestes mediante el estudio de sus ondas infrarrojas.

La radiación infrarroja es una de las tres formas en las que se transfiere el calor de un lugar a otro. Las otras dos formas son la convección y la conducción.

Además de ser coautora de *Elementos de la filosofía de Newton*, Du Châtelet utilizó ecuaciones matemáticas para explorar aún más el trabajo del científico Willem Gravesande, quien lanzó pelotas de diferentes masas a diferentes velocidades para probar la fuerza resultante sobre la arcilla.

Du Châtelet utilizó la información para actualizar la ecuación de Newton sobre la energía cinética. Ella demostró que la velocidad a la que las bolas caen afecta la energía cinética de manera exponencial, mientras que aumentando la masa de las bolas sólo aumenta la energía cinética según la tasa de incremento. Ella cambió la ecuación de Newton para que fuera más precisa.

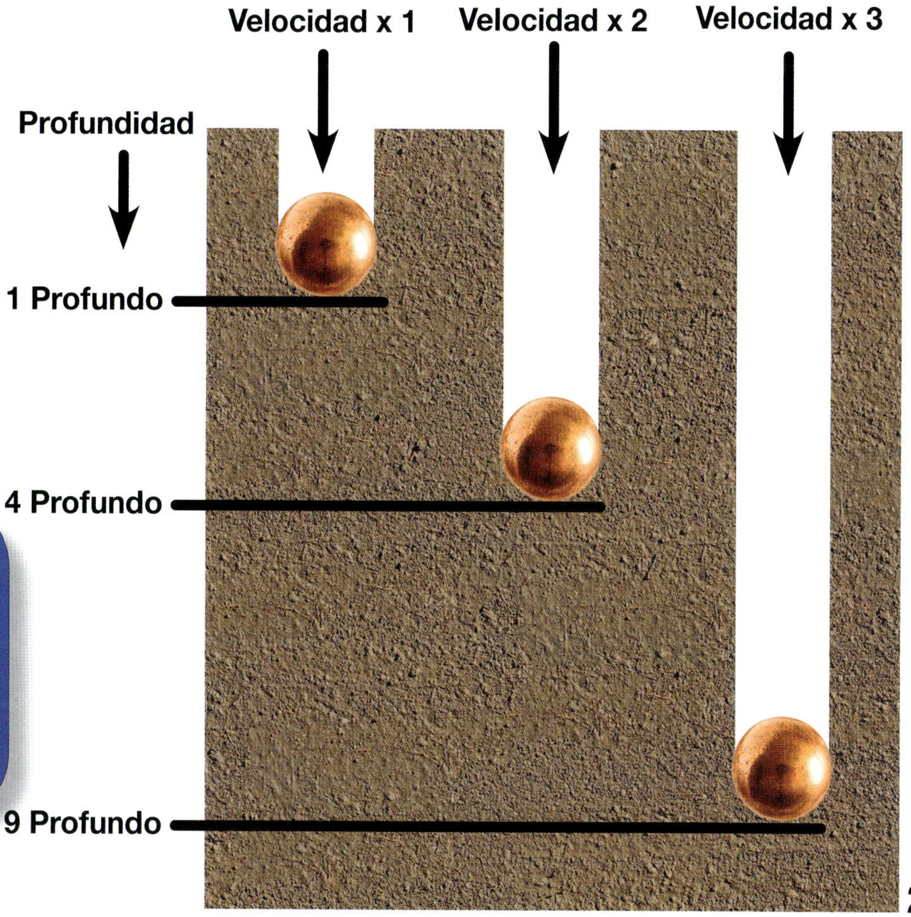

La ecuación revisada de Du Châtelet es KE = ½ m x a2. Esto significa que la energía cinética de un objeto es igual a la mitad de la masa por la aceleración al cuadrado.

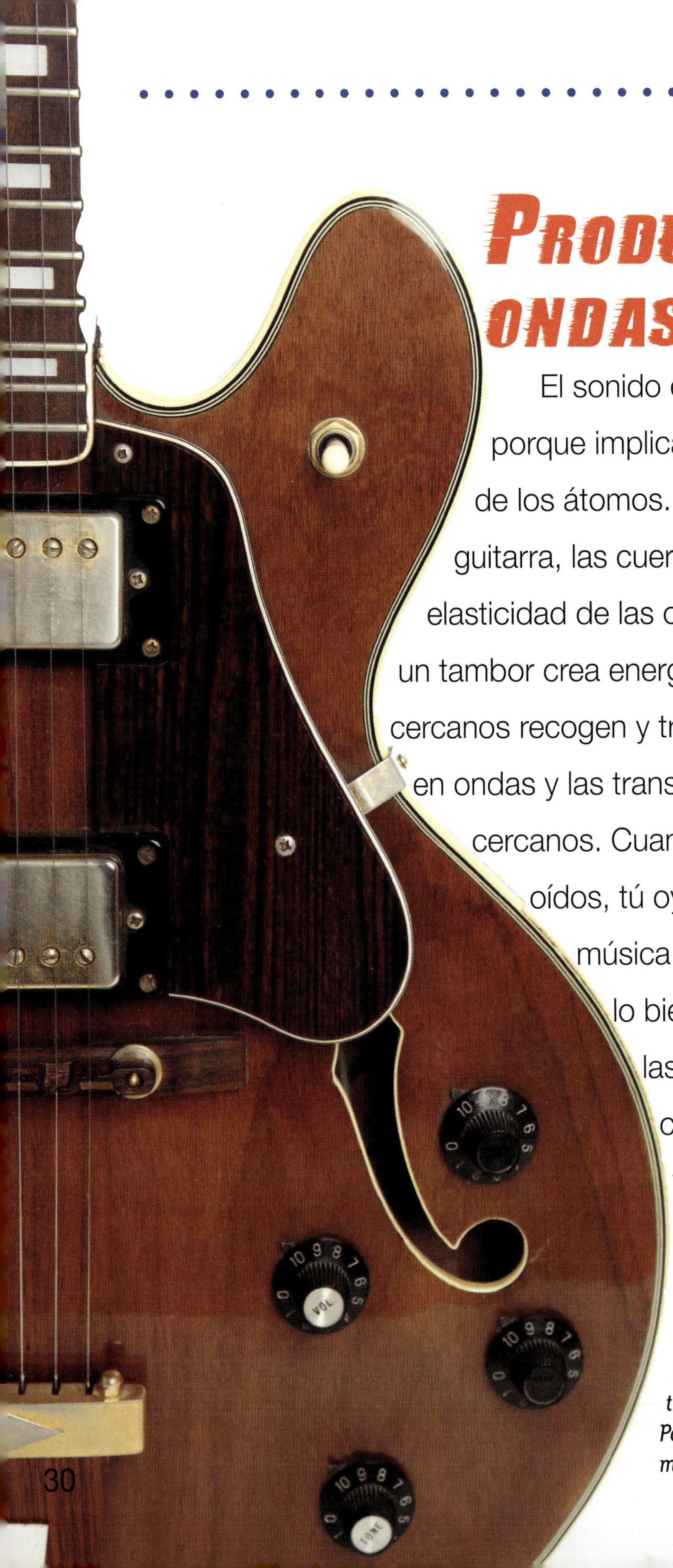

Produciendo ondas

El sonido es también energía cinética porque implica pequeños movimientos de los átomos. Cuando se rasguea una guitarra, las cuerdas se estiran y vibran. La elasticidad de las cuerdas y de los parches de un tambor crea energía potencial. Los átomos cercanos recogen y transmiten esas vibraciones en ondas y las transmiten a otros átomos cercanos. Cuando las ondas viajan a tus oídos, tú oyes estas vibraciones como música o ruido, dependiendo de lo bien que toques. El sonar de las campanas, el choque de cosas, o el hablar envían vibraciones en ondas, que nosotros oímos como sonidos.

El sonido se produce cuando una fuerza hace que un objeto vibre. La energía se transfiere a través del objeto en una onda. Por lo general la energía del sonido es mucho menor que otras formas de energía.

Otro tipo de energía de ondas se encuentra en las olas del mar. Cuando las olas del mar se encrespan y rompen en la arena, trabajan en la línea de la costa con su energía cinética.

El viento es también energía cinética. El viento puede hacer un trabajo rápido en la arena, las hojas y el polvo. También puede trabajar durante muchos años para erosionar laderas, monumentos y cambiar la forma de un paisaje.

Huracanes: Viento + olas

Los huracanes son una combinación de energía cinética del viento y del oleaje. Las secuelas de un huracán muestran evidencia de muchas cosas que son arrastradas: las casas, el agua, la arena, los árboles y los coches.

Pequeñas cosas en movimiento

La energía térmica es la energía cinética causada por el movimiento de partículas o electrones dentro de la materia. No podemos ver el movimiento. Pero lo conocemos como calor, una forma de energía que puede ser transferida de un objeto a otro, o el resultado de un tipo de transformación de energía en otra.

Cuando frotas tus manos, la fricción puede generar calor. Si a continuación sostienes un cubo de hielo, el calor de tus manos pasa al cubo de hielo para derretirlo.

Cuando aguantas cubitos de hielo en tus manos, puedes pensar que tus manos sienten frío porque el "frío" del hielo está penetrando en tu piel. En realidad, sientes frío porque el calor de tus manos está saliendo de tu piel y se está moviendo hacia el hielo. Es por esto que el hielo se derrite.

La materia está hecha de partículas en movimiento. Las cosas que consideramos más calientes tienen mayor energía térmica, lo que significa que contienen partículas que se mueven más rápido. Estas partículas chocan contra las partículas de la materia a su alrededor y les transfiere esa energía térmica. Por lo tanto, el calor es generalmente transferido de un objeto más caliente a otro más frío. El calor también puede ser el resultado de una reacción química, tal como la descomposición de la materia vegetal.

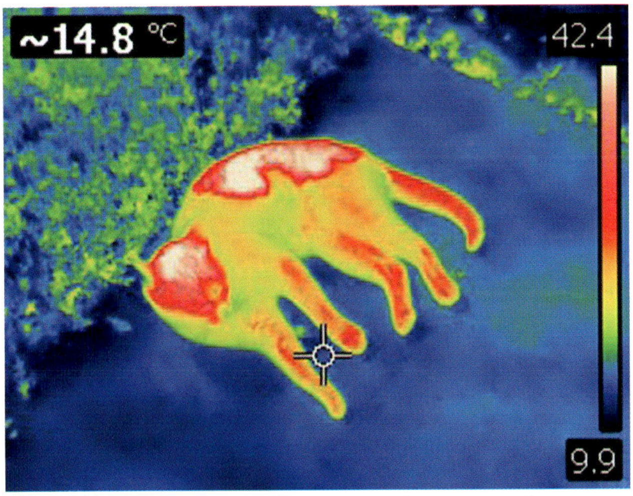

Los colores rojos, amarillos y naranjas representan las partículas que se mueven más rápido.

Transferencia de calor

¿Sabías que el calor se transfiere casi siempre espontáneamente de las regiones o los objetos más calientes a los más fríos? El calor siempre busca el **equilibrio** entre dos temperaturas diferentes. Es por eso que una taza de café caliente con el tiempo se va enfriando a temperatura ambiente si no te la tomas.

Actividad

Taza caliente/fría

Utiliza una taza de metal pequeña y un vaso de poliestireno grande. Coloca el recipiente de metal en el interior del vaso de poliestireno asegurándote de que no se vuelque. Con la ayuda de un adulto, llena con cuidado la taza de adentro con agua muy caliente. Llena el vaso de poliestireno con agua muy fría. No permitas que se derrame el agua fría dentro del agua caliente.

Mide la temperatura de ambos líquidos y anótala. Con el tiempo mira y representa gráficamente los cambios de temperatura de cada taza de líquido. ¿Cambia la temperatura? Si es así, ¿cuál de las tazas cambia más?

Caliente y frío

¿Qué tipo de materiales mantienen el calor? ¿Es más fácil mantener algo frío o caliente? Estas preguntas han sido importantes para las personas a lo largo de la historia, sobre todo en relación con los alimentos. Los primeros habitantes mantenían los alimentos calientes enterrándolos bajo tierra con brasas para suministrar una fuente constante de calor. Otros, mantenían los alimentos frescos almacenándolos en cuevas o cerca de agua fría.

El calor: un misterio

James Prescott Joule (1818 – 1889)

Cien años después de los experimentos de Newton nadie sabía que el calor era en realidad las vibraciones de moléculas dentro de las sustancias. Muchos científicos tenían ideas acerca de lo que el calor (el cual podían sentir pero no ver) era realmente, incluyendo una sustancia que llamaron fluido calórico.

El avance se produjo cuando un físico inglés llamado James Prescott Joule realizó una serie de experimentos a mediados del siglo XIX, los cuales mostraban que el calor era energía transformada proveniente de otras formas de energía.

Por ejemplo, cuando un motor se enciende con electricidad, parte de la energía eléctrica se convierte en movimiento, mientras que el resto se convierte en calor. Esta observación condujo a la teoría de la conservación de la energía, lo que significa que la cantidad de energía en un sistema, tal como el motor en este caso, puede convertirse en otros tipos de energía, pero los totales siguen siendo los mismos.

El joule

Hoy en día, el término joule o julio (J) se utiliza para expresar una unidad de energía. Es igual a la cantidad de energía necesaria para elevar la temperatura de un gramo de aire fresco y seco por 1,8 grados Fahrenheit (1 grado Celsius). Una forma habitual de pensar en esto es la cantidad de energía que se necesita para levantar una libra (16 onzas) unas nueve pulgadas (2,54 centímetros).

La energía eléctrica es la energía cinética producida por el flujo de electrones. Por lo general, se encuentra en el interior de los cables. Los electrones se mueven aleatoriamente y llevan consigo pequeñas cargas eléctricas. Para conseguir que fluyan juntos, las plantas de energía tienen turbinas de vapor caliente que giran cerca de cables de cobre. Los imanes en el interior de la turbina magnetizan los electrones dentro de los cables de cobre. Los electrones se alinean y fluyen rápidamente a lo largo de los cables en lugar de moverse aleatoriamente. Una corriente de electrones que fluye rápidamente es una corriente eléctrica.

Energía pura

El rayo es energía eléctrica pura creada por las cargas positivas y negativas que se acumulan dentro de las nubes. Las cargas negativas en la parte inferior de la nube son atraídas por las cargas positivas en objetos en la tierra, como los árboles, las casas y las rocas altas. Cuando las cargas se conectan se ve un rayo, que es como ver la electricidad en movimiento.

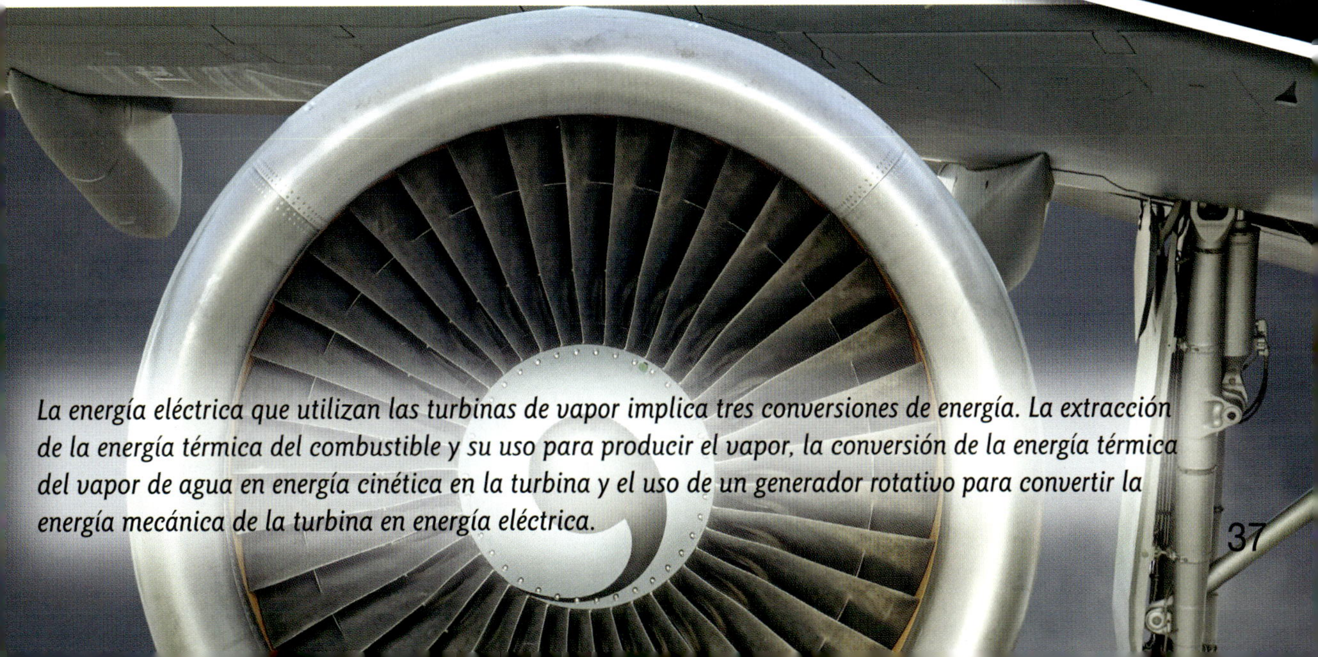

La energía eléctrica que utilizan las turbinas de vapor implica tres conversiones de energía. La extracción de la energía térmica del combustible y su uso para producir el vapor, la conversión de la energía térmica del vapor de agua en energía cinética en la turbina y el uso de un generador rotativo para convertir la energía mecánica de la turbina en energía eléctrica.

TODA LA LUZ QUE NO PODEMOS VE

La energía electromagnética (EM) es una forma de energía que está a nuestro alrededor. Toma muchas formas, como las ondas de radio, las microondas, los rayos X y los rayos gamma. La luz solar es la forma más común de energía EM y es la única que nuestros ojos pueden ver. Pero la luz visible es sólo una pequeña porción del espectro EM, que contiene una amplia gama de longitudes de ondas electromagnéticas. Algunas EM son naturales, como la luz solar, pero también pueden ser producidas.

¡Está en todas partes!

La energía electromagnética está en todas partes. Cualquier cosa que pueda recoger una señal se basa en algún tipo de EM. Esto incluye el Wi-Fi, los teléfonos celulares, la televisión y la radio, los dispositivos inalámbricos y las antenas parabólicas.

La energía electromagnética se produce por la vibración de partículas atómicas tales como los electrones. Cuando las partículas se mueven, emiten fotones. Los grupos de fotones emiten campos eléctricos y magnéticos que se propagan en ondas perpendiculares. La longitud de las ondas determina cómo se llama la energía electromagnética. Las ondas de radio son las más largas. Las microondas son más cortas que las ondas de radio. Las ondas de la luz visible son todavía más cortas.

Sin materia

Una de las características especiales de la EM es que, a diferencia de las ondas sonoras, no requiere de materia para viajar. Es por esto que podemos ver la luz de las estrellas y de los planetas en el espacio.

EL ESPECTRO ELECTROMAGNÉTICO

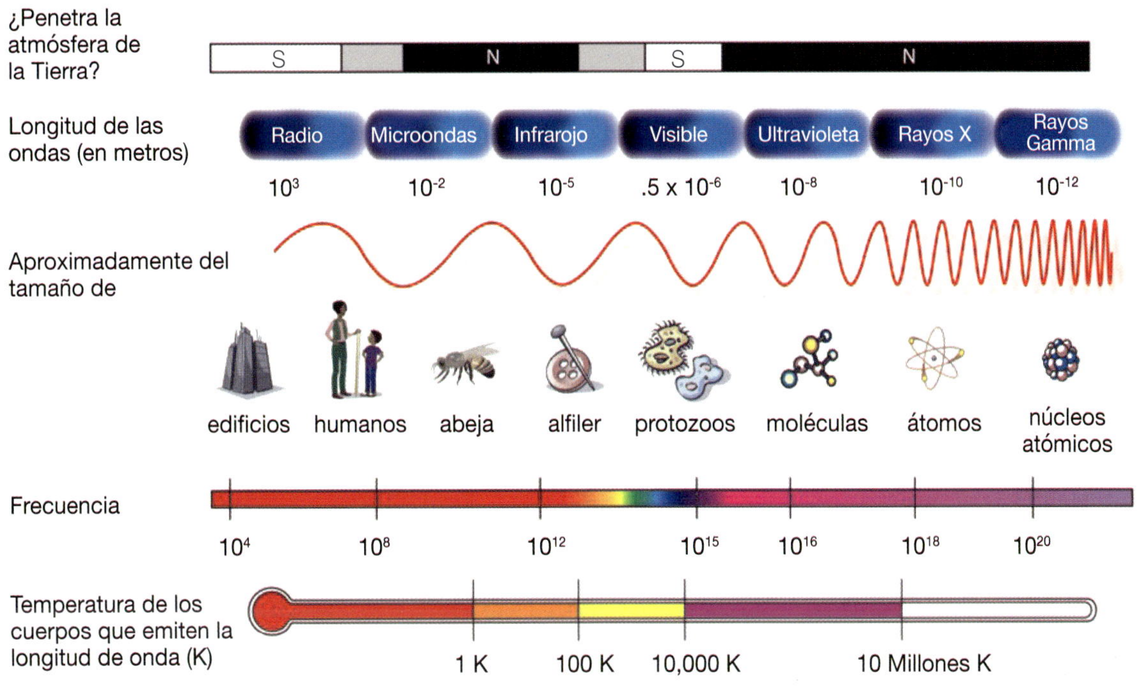

UNA GRAN MATEMÁTICA

Emmy Noether nació en Alemania en 1882. Desde temprano fue una pensadora matemática decidida a aprender. A pesar de que le fue prohibido inscribirse en la universidad, Noether obtuvo un título honorario asistiendo a clases y tomando los exámenes, los cuales aprobó con gran éxito. Ella continuó ganando distinciones a través de su postgrado. Le encantaban las matemáticas y quería ser profesora en la universidad. Sus amigos matemáticos intentaron defenderla, diciendo que era una universidad y no una casa de baños, pero no sirvió de nada. Alemania no permitía que las mujeres, incluso las más brillantes, fueran profesoras de universidad.

Emmy Noether
(1882 – 1935)

Noether daba conferencias regularmente en la Universidad de Göttingen como invitada, aunque no se le permitió un trabajo remunerado. Ella trabajó en la invariancia matemática, que es el estudio de los números que se mantienen constantes a pesar de ser movidos y manipulados. Cuando Albert Einstein publicó su teoría de la relatividad general en 1915, ella hizo un **teorema** (una regla matemática que se expresa a través de símbolos y fórmulas) que amplió el trabajo de Einstein.

Directamente conectada a la idea de la conservación de la energía, el teorema de Noether demuestra que el tiempo y el espacio no cambian el comportamiento de los objetos físicos. Por ejemplo, una pelota que se lanzó en el parque la semana pasada se comportará de la misma manera que una pelota que se lance el próximo año en una escuela. Todo en el mundo físico se ve afectado por esta realidad, y Noether lo demostró mediante las matemáticas.

Bryn Mawr

Se fue demasiado pronto

Como intelectual judía, Noether se vio obligada a huir de Alemania durante el régimen de Adolf Hitler. Con la ayuda de Einstein llegó a Estados Unidos, donde obtuvo su primer trabajo de profesora remunerado en el Bryn Mawr College. Poco después, murió de una infección, siendo una gran pérdida para las comunidades de las matemáticas y de las ciencias en todo el mundo.

La magia de la energía

La batería de tu teléfono se acabó. La pelota que bajaba por una colina rodando se detuvo en un árbol. La banda de goma que tiraste aterrizó en el suelo. La energía cinética se ha agotado. Pero si la energía no se crea ni se destruye, ¿a dónde se va?

Ha pasado por una transformación de energía, primero de energía potencial a energía cinética, y luego de la energía cinética a alguna otra forma de energía. Todavía podría ser energía cinética si ha generado calor, movimiento, sonido o luz.

Transformación de energías

¿Alguna vez has notado que el teléfono se calienta cuando lo estás utilizando? Esa es la energía química de la batería que se transforma en energía térmica. Al presionar el teléfono contra tu mejilla la calienta. La energía térmica se acaba de transferir. Ahora, el aire cerca de tu mejilla se calienta y recibe la energía térmica. Desde la batería del teléfono, el calor en el teléfono, tu mejilla y el aire, la energía está simplemente cambiando su forma o trasladándose a un nuevo objeto, pero nunca desaparece por completo.

Si la temperatura de un teléfono celular se calienta demasiado, por lo general tratará de darte una advertencia visual y luego se apagará automáticamente.

Ley de conservación de la energía

La ley de conservación de la energía establece que la energía se puede mover y transformar, pero nunca se pierde. Por ejemplo, si se hierve una olla de agua, la energía de los gases que se necesita para calentar la olla va a entrar en el agua, elevando la temperatura y creando burbujas. La olla libera el agua en forma de vapor. La olla hace ruido y vibra. Todas estas acciones son ejemplos de la energía que comenzó como gas ahora transformada en otro tipo de energía cinética.

La pelota que se deslizó por la colina le dio a un árbol, transfiriéndole su energía, el árbol se sacudió, dejando caer unas hojas y asustando a un pájaro que estaba en un nido. El deslizamiento de la pelota creó fricción sobre el suelo, lo que es una pequeña cantidad de calor. Las hojas que se cayeron crearon una pequeña brisa, o energía eólica. El pájaro se alejó volando con un chillido. La pelota hizo un ruido al chocar, creando ondas sonoras que viajaron en forma de energía cinética. Y la energía que la pelota tenía cuando estaba sobre la colina ahora volvió a la tierra en forma de la gravedad.

Los ciclos de la energía

Los ciclos de energía en estado potencial y cinética forman parte de la naturaleza. El Sol envía energía a la Tierra en forma de calor y de luz. Las plantas utilizan la luz para hacer sus propios alimentos. Cuando crecen, las recogemos y nos las comemos, lo que permite que nuestros cuerpos continúen creciendo y moviéndose.

La banda de goma ha producido un poco de energía eólica mientras volaba por la habitación. Tal vez produjo un sonido cuando cayó al suelo, y una pequeña cantidad de fricción al deslizarse por él. Todas esas acciones añaden energía a su entorno.

En todas partes a nuestro alrededor la energía se mueve, cambia y se transfiere de nuevo, lista para hacer un trabajo y mantener nuestro mundo en movimiento.

Glosario

átomos: las piezas más pequeñas de un elemento que tiene todas las propiedades de ese elemento; todo está compuesto por átomos

circuito: la ruta completa por la que una corriente eléctrica fluye

electrones: pequeñas partículas que se mueven alrededor del núcleo de un átomo; los electrones tienen una carga eléctrica negativa

enlaces: conexiones entre dos cosas

equilibrio: que las dos partes son iguales

fotones: diminutas partículas de luz en forma de radiación electromagnética

masa: la cantidad de materia física contenida en un objeto

neutrones: una de las extremadamente pequeñas piezas en el núcleo de un átomo; no tienen carga eléctrica

no científicos: personas que no se especializan en el estudio de la ciencia

núcleos: forma plural de núcleo; la parte central de un átomo compuesto de neutrones y protones

partículas: piezas o cantidades extremadamente pequeñas de algo

principio: una verdad básica, una ley o creencia

sistema: una parte del universo elegida para ver cómo cambia con condiciones variables

teorema: una declaración, especialmente en matemáticas, que se puede probar

trabajo: una fuerza que actúa a través de la distancia

Índice

Demuestra lo que sabes

1. Imagínate una pelota sobre la cima de una alta colina. ¿Qué tipo de energía tiene? ¿Por qué?
2. ¿Por qué algunos átomos como el uranio tienen energía potencial?
3. Nombra tres tipos de energía cinética y da ejemplos comunes de cada uno.
4. ¿En qué se parecen las ondas de radio como la luz del sol y los rayos x?
5. Da un ejemplo de transferencia de energía.

Sitios para visitar en la red

www.physicsclassroom.com
www.physics4kids.com/index.html
www.eia.gov/kids/energy.cfm?page=electricity_science-basics

Acerca de la autora

Linden K. McNeilly es un escritora que enseñó en las escuelas públicas por muchos años. A ella le gusta mucho hacer libros a mano y escribir historias. Ella co-escribió *Map Art Lab*, un libro acerca de los mapas y el arte. Vive en los bosques de secuoyas de la costa central de California con su familia. La puedes encontrar en www.lindenmcneilly.com.

¡Conoce a la autora!
www.meetREMauthors.com

www.rourkeeducationalmedia.com

PHOTO CREDITS: Cover (skier), page 1: ©Lukas Gojda; cover (background), page 1: ©bestfoto77; page 4: ©artjazz; page 5: ©Kelbas; page 5 (bottom): ©coryz; page 6 (top): ©Dimitris Stefanidis; page 7: ©Ben Blankenburg; page 8: ©OJO_Images; page 9, 10: ©Georgios; page 10-1: ©Crystal Home; page 11: ©Helioscribe; page 12 (top), 35, 40: ©wikipedia; page 12 (bottom): ©Anthony Mottram; page 13: ©Peter Burnett; page 13 (bottom): ©Cathy Yeulet; page 14: ©ParkerDeen; page 14 (bottom): ©Joe_Potato; page 15: ©tfoxfoto; page 16: ©MichaelUtech; page 18 (top): ©Zern Liew; page 18 (bottom): ©S FRENCH; page 19: ©juanmonino; page 21: ©Matjaz Boncina; page 21 (bottom): ©Geber86; page 22 (top): ©Grzegor; page 22 (bottom): ©VoodooDot; page 23: ©zhengzaishuru; page 24-25: ©Miles Boyer; page 24: ©sampsyseeds; page 26-27: ©RDFried; page 28 (top): ©library of congress; page 28 (bottom): ©Ivan Smuk; page 29: ©Dmitry Guzhanin; page 30: ©mattjeacock; page 31: ©MichaelCunliffe; page 31 (bottom), 32: ©musseln; page 33: ©Marccophoto; page 34 (left): ©Volga2012; page 34 (right): ©Chimpinski; page 36: ©Alex Potemkin; page 37 (bottom): ©tane-mahuta; page 37 (right): ©Dave Parsons; page 38-39: ©Nikola Nastasic; page 39: ©NASA; page 41: ©aimintang; page 43: ©Ben Blankenburg; page 43 (bottom): ©Bob Ingelhart; page 45: ©tupungato

Edited by: Keli Sipperley
Translated by: Dr. Arnhilda Badía
Cover design by: Nicola Stratford www.nicolastratford.com
Interior design by: Rhea Magaro

Library of Congress PCN Data

¿Cuál es tu potencial?La energía del movimiento / Linden McNeilly
(Exploremos las Ciencias)
ISBN 978-1-68342-108-5 (hard cover)
ISBN 978-1-68342-109-2 (soft cover)
ISBN 978-1-68342-110-8 (e-Book)

Library of Congress Control Number: 2016946733

Printed in the United States of America, North Mankato, Minnesota